佛

我在唐朝當神探

段張取藝 著

新雅文化事業有限公司
www.sunya.com.hk

歷史解謎遊戲書

我在唐朝當神探

作　　者：段張取藝
文字編創：肖嘯
繪　　圖：李昕睿、劉娜
責任編輯：黃楚雨
美術設計：劉麗萍
出　　版：新雅文化事業有限公司
香港英皇道499號北角工業大廈18樓
電話：(852) 2138 7998
傳真：(852) 2597 4003
網址：http://www.sunya.com.hk
電郵：marketing@sunya.com.hk
發　　行：香港聯合書刊物流有限公司
香港荃灣德士古道220-248號荃灣工業中心16樓
電話：(852) 2150 2100
傳真：(852) 2407 3062
電郵：info@suplogistics.com.hk
印　　刷：中華商務彩色印刷有限公司
香港新界大埔汀麗路36號
版　　次：二〇二二年七月初版

原書名：《我在古代神探 — 我在唐朝當神探》
著/ 繪：段張取藝工作室（段穎婷、張卓明、馮茜、周楊翎令、李昕睿、肖嘯、劉娜）

ISBN: 978-962-08-8044-5

18/F, North Point Industrial Building, 499 King's Road, Hong Kong
Published in Hong Kong, China
Printed in China

小咕嚕

有一隻叫作小咕嚕的神獸，牠的學名叫作獬豸（粵音蟹自）。牠長得既像羊又像麒麟，身上有着細密的絨毛，頭上頂着長長的獨角。小咕嚕翻開了一本有魔法的書，被瞬間帶回了唐朝。各位小神探必須解答出這個朝代每一個案件中的謎題，才能將小咕嚕帶回現實世界。

小神探，你能答疑解難，任務通關，讓小咕嚕成功從書中脫身嗎？

目錄

公元六二九年
玄奘西行

公主府
失竊案
第17頁

公元六七六年
狄仁傑任大理寺丞

是誰在
作弊？
第23頁

公元六九〇年
完善科舉制度

貪杯的
詩人
第27頁

公元七四四年
李杜同遊

拯救
小皇帝
第45頁

公元九〇七年
唐朝滅亡

答案
第51頁

玩法介紹

閱讀案件資訊，了解案件任務。

案發現場，關鍵發言人的對話對解謎有重要作用。

圓圈顏色對應畫面同色的對話框。

今天輪到我巡邏，看見阿皮在後院砍柴，小紅在上菜。對了，我路過雞舍時好像看見有個黑影。

重要提示：

相同顏色的對話框是同一個任務的線索。

任務一 

任務二 

任務三 

三 部分案件需要用到貼紙道具。

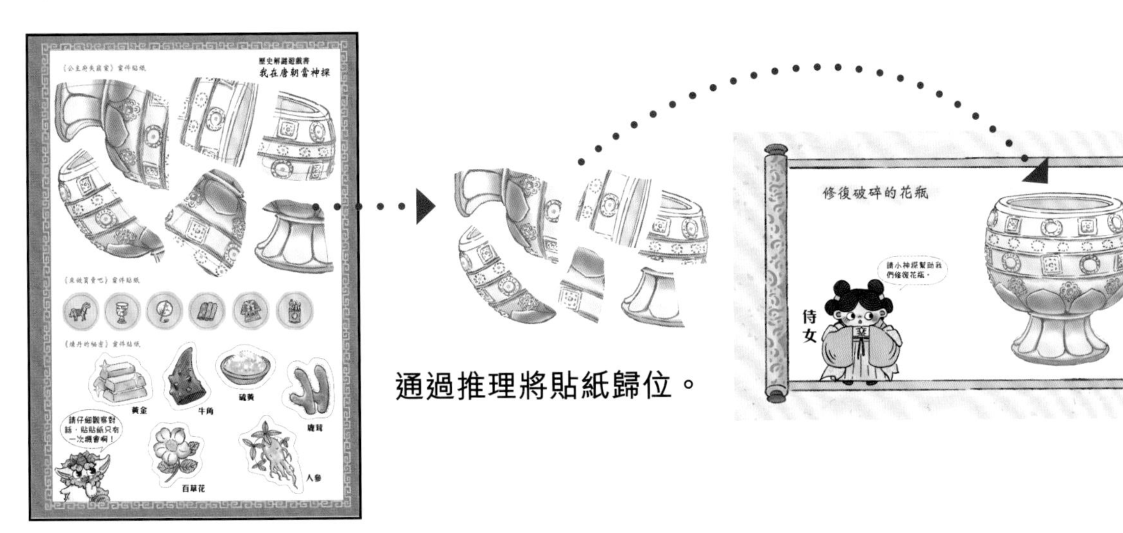

通過推理將貼紙歸位。

四 恭喜你通過任務。想知道案件的全部真相，請翻看第 51 至 55 頁的答案部分。

五 每一個案發現場都有小咕嚕的身影，快去尋找牠吧！想知道答案，請翻看第 56 頁。

大唐興衰詩

魏晉風流過，神州歸李唐。

八方賀天朝，萬國擁新皇。

貞觀止亂世，玄奘走西涼。

狄公斷奇案，武后坐明堂。

李杜詩千古，開元盛世傳。

奈何安史亂，國運始頹唐。

藩鎮禍天下，權宦手遮天。

故事俱往矣，謎案書中藏。

隱蔽的信鴿

案件難度：☆☆

隋朝滅亡後，天下大亂，李世民跟他的父親李淵起兵逐鹿中原。這天，李世民發現敵人在他的府中安插了內奸，監視着他的一舉一動，並通過信鴿傳遞消息。

小神探，你能幫李世民找出信鴿藏匿的地方，並鎖定內奸嗎？

案件任務

一 尋找信鴿藏匿的地方。

二 找出內奸。

關鍵發言人

李世民

這隻信鴿身上居然有秦王府的絕密情報，你去找出信鴿藏匿的地方，把內奸抓起來！

將領

遵命！找到鳥籠就能找到信鴿藏匿的地方，疑犯已經鎖定在家丁、管家、阿皮和小紅四人中。

家丁

今天輪到我巡邏，看見阿皮在後院砍柴，小紅在上菜。對了，我路過雞舍時好像看見有個黑影。

我安排了下人的工作，就洗了澡，換了衣服，然後就被叫來了。

我下午砍柴錯過了吃飯時間，去廚房偷吃時被小紅發現了，她逼我幫她洗碗，我還沒洗完呢。

晚飯前，我忙着上菜；飯後我看見阿皮偷吃，叫他幫我洗碗，我在一邊休息，哪兒也沒去。

答案在第 51 頁 ▶

貞觀之治

憑藉小神探的金睛火眼和精妙推理，李世民很快找到潛藏在府中的內奸，並將他幕後的勢力一網打盡。李世民名號「唐太宗」，是唐朝最有名的君主之一，他在位期間，吏治清廉，國家富強，開啟了著名的「貞觀之治」。因為他與少數民族相處融洽，還被尊為「天可汗」（可，粵音克）。

門神那些事

很多中式舊房子或廟宇的大門上，都會貼着左右兩張門神的畫像，傳說可以鎮守門戶、驅除鬼怪。小神探，你們知道門神的由來，跟唐太宗有關連嗎？

門神

傳説唐太宗李世民即位後，總是做噩夢，他就讓手下的大將秦瓊（粵音鯨）與尉遲恭二人守衛在門口。後來，李世民擔心二人太辛苦，就讓畫匠繪製他們的畫像，懸掛於宮門兩旁，這就是門神的由來。

玄奘取西經

案件難度：☆

玄奘法師要去天竺的「那爛陀寺」取真經了，然而取經之路十分艱險，他既要避開官兵，而且沿途的強盜、猛獸隨時會要了他的性命！小神探，你們要幫助玄奘法師找到正確的道路，順利到達那爛陀寺！

還有，法師的三件法器不小心丟失了，你能想辦法幫他找回來嗎？

案件任務

一　幫玄奘規劃前往那爛陀寺的路線。

二　在路上找到玄奘的袈裟、木魚和禪杖。

碎葉城
涼州寺廟
驛
取經的道路不論多麼艱險，我也不會放棄！
伊吾
出發：長安驛站

答案在第 52 頁

玄奘取經

小神探和玄奘法師歷經千難萬險，終於到達了天竺（現代的印度）的那爛陀寺，成功取到了真經。在天竺學習完畢後，玄奘帶着經書回到長安。接下來的數十年裏，他把這些經書全部翻譯成漢語，留給後世的僧人。從此，玄奘取經的故事便廣為流傳，甚至成為《西遊記》的原型。

和尚那些事

佛教源自印度，但在中國得到廣泛流傳，而且一眾和尚在中國國內外推廣佛教期間，亦推動了文化流傳。小神探，以下著名的和尚你們有聽過嗎？

達摩

相傳佛教禪宗的創始人達摩曾在山洞裏面壁九年，參悟佛法。因此在武俠小說裏，和尚的形象總是武林高手。

鑒真

唐朝的鑒真和尚應日本留學僧的請求，冒着風險東渡，到日本弘傳佛法，大大促進了佛教的傳播，加深了中日文化交流。

佛印

宋朝的佛印和尚受蘇軾邀請吃「半魯」（魚），但和尚不能吃魚，他只好餓着肚子回去。第二天，佛印和尚也請蘇軾吃「半魯」（日），讓他在太陽下曬了一天。

道濟

道濟和尚是傳說中濟公的原型，他不受戒律拘束，總是幫助貧苦百姓對付壞人，是一位學問淵博、行善積德的得道高僧。

公主府失竊案

案件難度：☆☆

自從狄仁傑擔任京城的「大理寺丞」（負責審理犯罪、刑法的官吏），接連破獲了許多積壓的案件，在城中也是薄有名氣。這天，公主府上發生了一宗失竊案，小偷打碎了名貴的花瓶，還偷走了三件物品。

小神探，你能比狄仁傑更快找到小偷嗎？

案件任務

一 用貼紙修復破碎的花瓶。

二 根據清單確認丟失的三件物品，並在庭院裏找出它們。

三 找出疑犯中誰是真正的小偷。

關鍵發言人

侍女

這是小偷打破的花瓶，碎片散落一地。

公主

侍女清點之後，發現丟失了三件物品，你能幫我找到嗎？

狄仁傑

小偷趁公主府火災偷走了東西，但是來不及逃離現場，疑犯鎖定以下四人。

案件疑犯

管家

我不缺這點錢，更不會偷東西。我看侍女衣服破破爛爛的，可能是偷東西時撕破的。

侍女

我在後院逗貓，才會被貓抓破了衣服。如果衣服破爛就有嫌疑的話，家丁和僕人也有問題！

家丁

我的衣角是工作時勾破的。小偷可能是僕人，因為他很窮，衣服上全是補丁，需要錢救濟。

僕人

我人窮志不窮，絕不會偷東西！管家前兩天被公主罵過，一定是他報復！

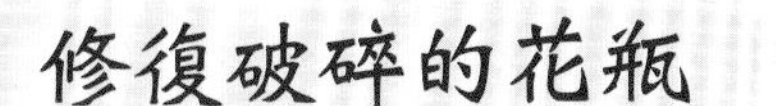

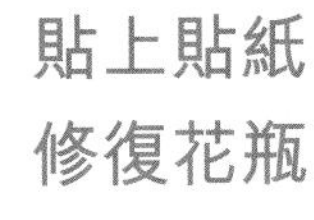

房間內本來有的物品清單

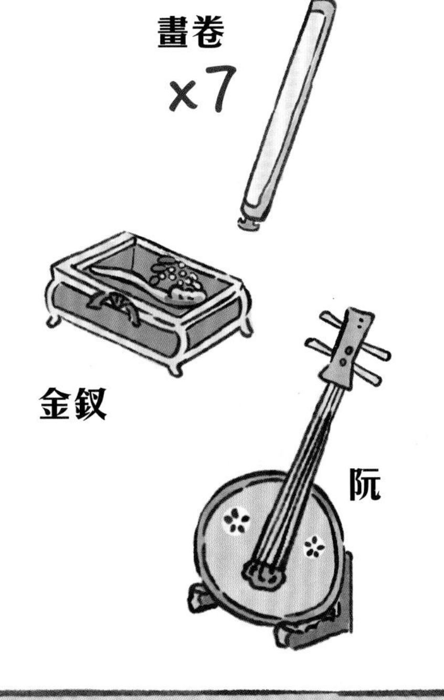

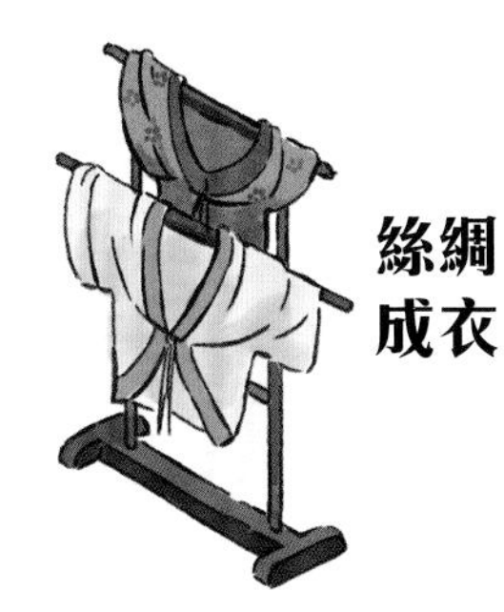

案發現場還原圖
快來人救火呀！
答案在第 52 頁

狄仁傑探案

小神探和狄仁傑聯手，很快就抓住盜竊案的犯人。接下來的幾年，狄仁傑接連破獲了許多大案，因此不斷被皇帝提拔，最終當上了宰相。到了後世，狄仁傑明察秋毫、屢破奇案的形象深入民心，成為國人心目中神探的代表人物。

神探那些事

中國歷史中曾出現很多鐵面無私的名官，利用清晰思維，公正地調查罪案，可謂古代的神探。你們認識以下幾個神探的事跡嗎？

寇准

北宋時代，書生和屠夫為了一個錢包鬧上了公堂，寇准（寇，粵音扣）把銅錢丟進水裏煮，發現水上漂着油脂，證明錢的主人是屠夫的，因為他雙手總是油膩膩。

宋慈

南宋的宋慈在斷案時，非常重視物證。他憑藉醫學上的造詣和父親遺留的經驗，拒絕屈打成招，用事實説話，被譽為現代法醫的鼻祖。

海瑞

明朝的海瑞在大街上看見幾個壯漢合力用擔架抬一個瘦弱的女子，卻累得氣喘吁吁。他認為其中必有蹊蹺，就派手下查探，原來這伙人是一羣強盜，被子下蓋着的全是金銀珠寶。

是誰在作弊？

案件難度：☆☆☆

科舉考試是國家選拔人才的大事，武則天決定在皇宮裏親自考查今年的考生，沒想到竟然發生了舞弊案。

小神探，請幫武則天找出所有作弊的考生吧！

案件任務

一　尋找哪些人攜帶了小筆記。

二　確認考生周某是否作弊了。

三　找出收買了曹公公的人。

關鍵發言人

武則天

誰敢在我的眼底下作弊！給我嚴查，一個都不能放過。

監考官

真是大膽，竟敢在衣服裏攜帶小筆記！

考生何某

我在專心答題，沒注意誰有作弊，但聽說有人在文具中夾帶小筆記。

昨晚有人找曹公公，因天太黑我看不清是誰，只聽見那人說自己會帶紅色筆桿的毛筆。

冤枉呀！我早已答完題，前面的人也沒有任何動作，紙團就突然出現了。

完了，就不該給那人丟紙條，還好他把小筆記丟出去了，應該查不到我頭上。

答案在第 53 頁

唐朝科舉制

小神探找出了所有作弊的考生後，武則天重重地懲罰了他們，並按照名次獎勵了其他考生。唐朝的科舉制是從隋朝人才選拔制度的基礎上發展而來的，通過公開、公正、公平的考試選拔人才，讓出身貧寒的讀書人也有機會做官。

科舉之前那些事

科舉這個選拔人才的考試制度始於隋朝，經歷超過一千年，直到清朝才被廢除。小神探，你們知道在這個制度出現之前，平民可以透過哪些方法做官呢？

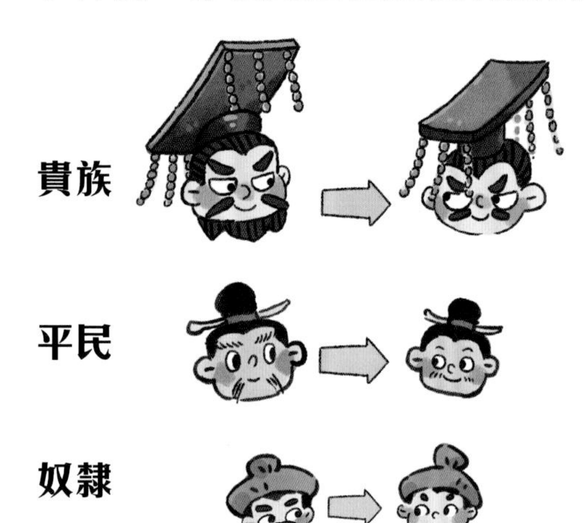

世卿世祿制

在先秦時期，權力是世襲的，即是一代傳一代，父傳子，兄傳弟，一直掌握在少數人手中。即使平民有才能，也少有機會改變人生。往往生來是貴族，代代是貴族；生來是奴隸，代代是奴隸。

察舉制

漢朝的人們注重孝道，認為孝順父母是人最重要的品質。這個時期想要做官，需要憑藉出色的品德，讓地方政府向中央舉薦，能力和出身反而次要。

九品中正制

魏晉南北朝時期，國家每三年派官員按九個等級評定人才，優秀的人才會被選為官員。但在評級過程中，家世出身變得很重要，這制度也顯得非常不公平。

貪杯的詩人

案件難度：☆

李白和杜甫這兩位大詩人是非常要好的朋友。上元節這天（農曆正月十五元宵節），兩人結伴遊玩，遇上了一家酒館舉辦的上元節慶祝活動。他們只要達成兩個條件，就能品嘗免費的美酒。

小神探，請幫幫兩位大詩人，讓他們儘快喝到美酒，說不定能寫出美妙的詩篇呢！

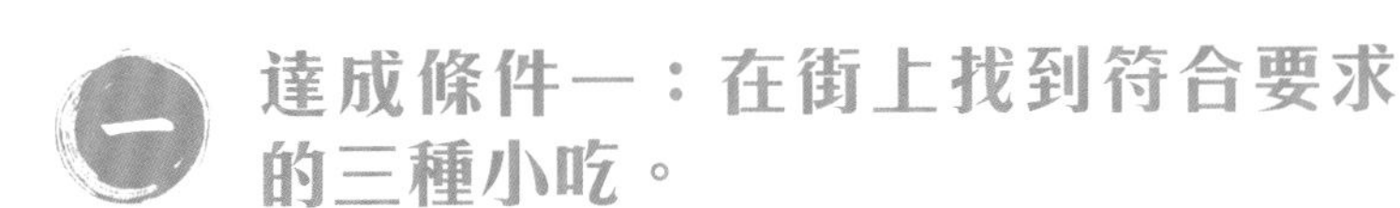

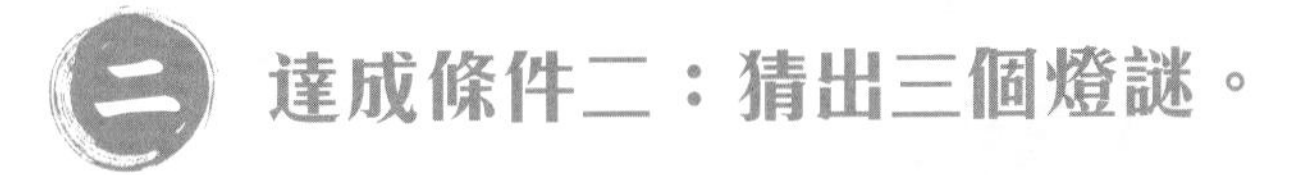

一 達成條件一：在街上找到符合要求的三種小吃。

二 達成條件二：猜出三個燈謎。

關鍵發言人

有兩種上元節的特色小吃就在附近的商舖，還有一個就要仔細找啊。

按照上元節的習俗，今天應該喝肉粥，吃絲籠和糕點。把它們找出來吧！

這三個燈謎的謎底都是街上常見的東西，仔細想想和觀察，就能得到答案。

2

一個大肚皮，
生來怪脾氣。
不打不作聲，
越打越歡喜。

答案在第 53 頁 ▶

唐朝詩詞

李白和杜甫與小神探一起逛完長街後，二人詩興大發，一邊品酒一邊吟詩。李白和杜甫是唐朝偉大的詩人，直到今天，他們的作品依然活躍在課本和生活之中。而詩作為唐朝最經典的文學形式，流傳到今天的就有近五萬首，有名的詩人有二千三百多位。人們說唐朝是詩的國度，一點也不誇張！

詩人那些事

唐代的詩人風流倜儻，品味非凡，他們連日常的作風都是與眾不同的。各位小神探，你們有聽過以下幾位詩人的有趣事跡嗎？

力士脫靴

唐玄宗有一次請李白去為他作詩，不巧李白喝醉了，沒力氣換上玄宗賜給他的衣服，就讓玄宗最親近的宦官高力士給他脫靴，楊貴妃親自為他研墨。

錦囊藏詩

李賀出門時會帶上一個錦囊，邊走邊想詩句，每次想到好的詩句就記下來放在錦囊裏。往往出門一趟，錦囊就塞得滿滿。

鱷魚文

韓愈曾被貶到潮州，當地鱷魚橫行，韓愈就一邊寫文章大罵鱷魚，一邊組織人手除去鱷魚，保障了老百姓的安全。

抓住刺客

案件難度：✿✿✿

唐玄宗和楊貴妃在「花萼相輝樓」（萼，粵音岳）請大臣們喝酒，酒過三巡，突然有刺客出現！他刺傷了安祿山之後，逃向了附近的長樂坊。捕快迅速在長樂坊內鎖定了六位疑犯。

小神探，請分析他們的證詞，找到誰才是真正的刺客！

案件任務

一 在畫面中尋找刺客的暗器、鞋子和夜行服。

二 根據痕跡，推理出刺客的逃跑路線和他最後消失的地點。

三 找出真正的刺客。

關鍵發言人

捕快看到刺客的裝扮，鎖定了長樂坊的六位疑犯。快找出真正的刺客！

刺客在花萼相輝樓內留下兩枚暗器，還在長樂坊其中兩個屋頂掉落了暗器，他一定經過了那裏。

我們根據六位疑犯的證詞，繪製了他們目擊可疑情況時的位置，留意他們是否說謊。

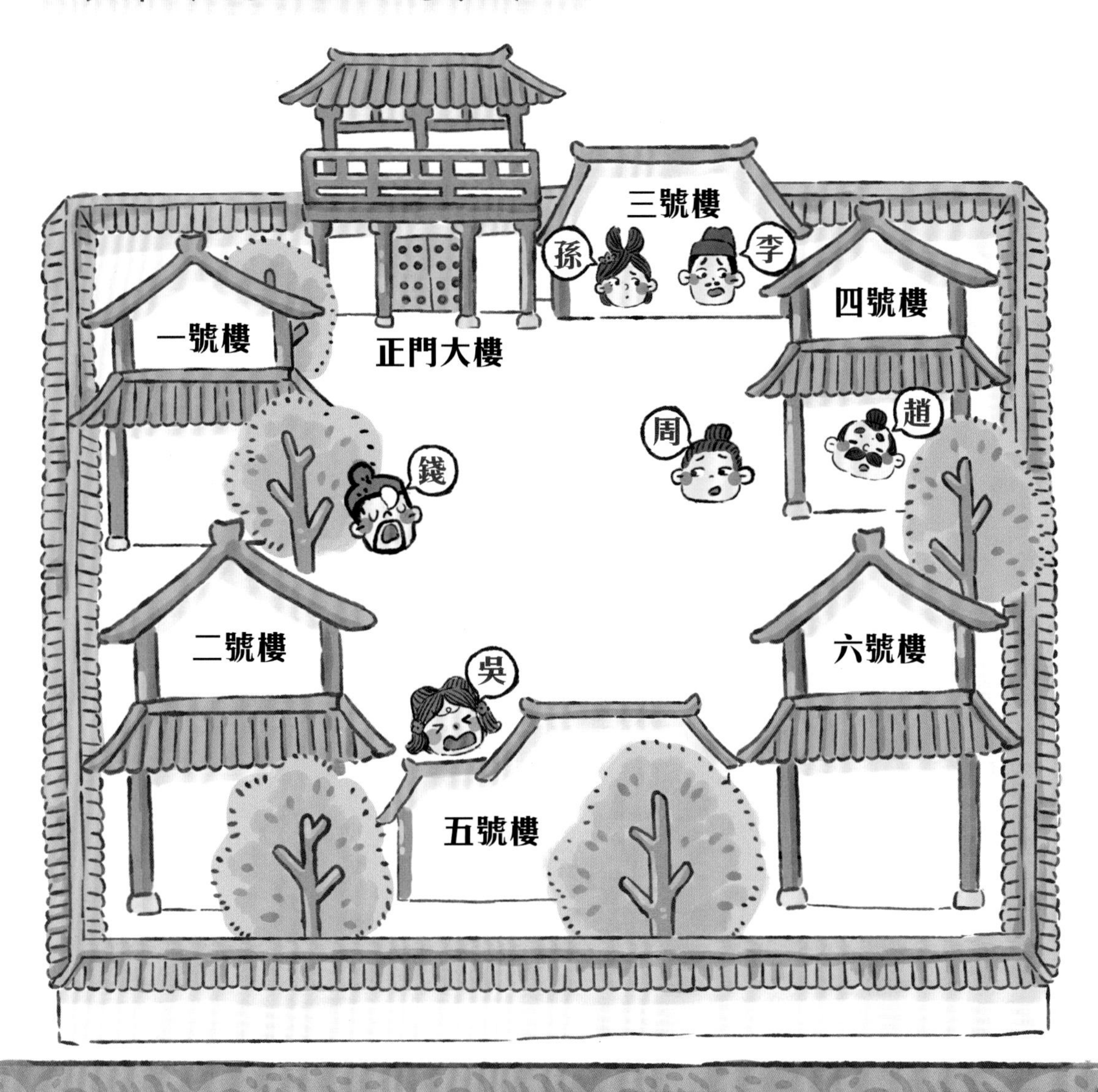

刺客的裝扮

一套全黑夜行服

四枚暗器

一雙有污漬的鞋子

，原來是一個黑影
號樓去了。

我去找老趙吃飯時，看到個黑影從四號樓去到六號樓，我以為是野貓，後來和老趙去三號樓吃飯了。

，但沒在意，
奇怪的黑影。

我看到一個黑影從三號樓衝向了二號樓，然後我醉醺醺地睡着了。

答案在第 54 頁 ▶

我當時在三號樓和老李聊天，突然樓頂有一陣細細碎碎的聲音，老李説他出去看看。

我聽到外面有動靜
從三號樓一直往一

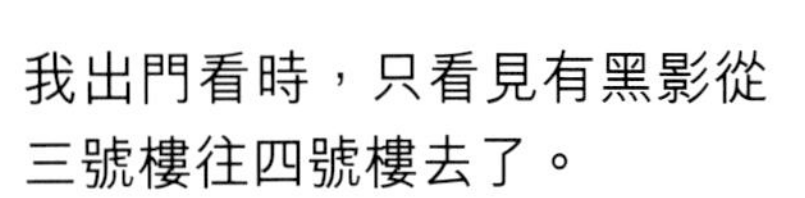

我出門看時，只看見有黑影從三號樓往四號樓去了。

我在四號樓聽見房頂有動靜
後來小周告訴我，他看到了

安史之亂

小神探幫助捕快抓住了刺客，安祿山認為是因為自己權力太大而招來殺身之禍，於是索性叫上了自己的好兄弟史思明一起發動叛亂。短短幾年，「安史之亂」就席捲全國。雖然最後被平定，但唐朝的國力也受到了嚴重的打擊，再也無法重現全盛時期的輝煌。安史之亂成為唐朝由盛轉衰的標誌事件。

盛唐那些事

唐朝的國力非常強盛，甚至聲威遠播到中原以外的地方。直到現在，海外仍會稱中國人為唐人。以下盛唐的事跡，你們又知道嗎？

璀璨文化

唐朝湧現了許多文學、藝術名家，如詩仙李白、詩聖杜甫、畫聖吳道子等。唐朝文化在歷史上留下了濃墨重彩的一筆。

外交開放

唐朝與其他國家的交流頻繁，不僅接收朝鮮、日本等國派來的留學生到長安、洛陽學習，還通過絲綢之路與西方貿易，交流思想文化。

人口眾多

盛唐時期，社會安定，老百姓經過休養生息，全國的人口從不到一千萬增長到鼎盛時期的八千萬。

來做買賣吧

案件難度：☆☆

吐蕃（粵音播）和回紇（粵音瞎）都是大唐朝廷的鄰居，但彼此間的關係向來不好。唐朝商人想跟吐蕃和回紇的商隊做生意，小神探，你能幫他交換到他需要的東西嗎？

案件任務

一 找出四件動物形狀的物品和冬蟲夏草。

二 找出換取冬蟲夏草的方法，並用貼紙還原交換過程。

關鍵發言人

唐朝商人

聽說攤位上帶有動物形狀的商品都是精品，你能幫我找到四件這樣的商品嗎？我還需要幫夫人帶一些冬蟲夏草。

回紇商人甲

冬蟲夏草 長得既像蟲子又像草，是吐蕃的特產。我曾經用寶石和駱駝換到了冬蟲夏草。

管家

我們可以用文房四寶、團扇、絲綢、茶葉來交換物品。

吐蕃商人

想要我的寶貝，就拿最貴重的文房四寶來，我的銀器能換任何寶石。

回紇商人乙

最近孩子他媽嚷着要唐朝的絲綢，看能不能拿我攤位上的物品換一下。

吐蕃商人

有人想用銀器換我的馬，別騙我。我的馬是用兩匹駱駝換來的，除非他用回紇的服飾來換。

答案在第 54 頁 ▶

交換過程　通過回紇商人甲的描述得知，可以用寶石和駱駝交換冬蟲夏草。請用貼紙還原交換過程，獲得寶石和駱駝。

邊境貿易

經過小神探的巧妙斡旋（斡，粵音挖），吐蕃商人與回紇商人心滿意足地回家，唐朝商人也買到了心儀的物品。唐朝時期的邊境不算太平，少數民族之間總是為了瑣事吵個不停，但有時也需要其他民族的特產。這時大唐朝廷為他們牽線搭橋，大家才能心平氣和地做生意。

商人那些事

商人是指從事貿易的生意人。雖然商人在古代中國的地位不高，不過歷史上也曾出現多個富甲一方並對國家有貢獻的商人。小神探，你認識他們嗎？

範蠡

春秋時期的範蠡（粵音禮）是歷史上第一個退休後經商的典範。他因為經營有方，又樂善好施，被人們尊稱為財神、商祖。

呂不韋

戰國時期的呂不韋年輕時只是一個普通的商人，因為扶持秦國皇子異人登上王位，一下身價暴漲，成為「投資商品不如投資人才」的典範。

沈萬三

明朝初年，南京首富沈萬三主動提出和皇帝一人出資一半，修築南京城。沈萬三派出的人手修得比皇帝的還快，讓皇帝羨慕不已！

煉丹的秘密

案件難度：☆☆

唐宣宗沉迷於煉丹，只想着長生不老。今天皇帝親自來看煉丹的情況，煉丹房的道士們慌了，之前好不容易煉出來的丹藥不知道放到哪裏去了；一號煉丹爐的材料搭配出了問題，搞不好會爆炸。更要命的是二號煉丹爐的丹藥還沒煉出來！

小神探，你能幫道士們解決眼前的麻煩嗎？

案件任務

一 尋找丟失的黃色丹藥。

二 找出導致一號煉丹爐出問題的三種材料。

三 **確定煉製丹藥應該加入哪三樣材料，並用貼紙貼在圓圈空白處。**

關鍵發言人

小道士

師父的黃色丹藥 丟了，得在師父發現之前找回來。

道士

一號煉丹爐要爆炸了，根據《煉丹手冊》，同時出現三種相克的材料就會發生爆炸！

道士

長壽丹的外表一定要發光閃亮，所以第一種要選擇最貴重的材料。

第二種就選跟人長得很像的材料。第三種要用動物材料，要參考《煉丹手冊》選一種不相克的。

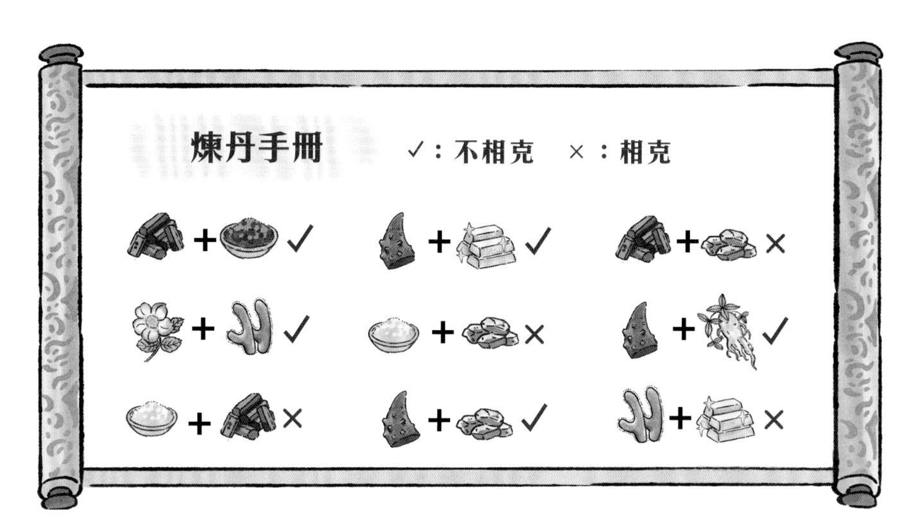

煉丹誤國

道士們的麻煩被小神探解決後，唐宣宗心滿意足地回去等待仙丹煉成。古時候，皇帝作為全天下最有權力的人，比任何人都想要長生不老，這樣就可以一直享有榮華富貴。但不老不死是不可能的，含有各種不明化學物質的「仙丹」反而會危害健康，甚至致人死亡。

煉丹那些事

煉丹是指利用秘法來煉製丹藥，可說是古代中國的化學和藥理學研究。中國自古以來有多位君主鍾愛研究煉丹，你們知道他們煉丹的結果如何嗎？

秦始皇

秦朝的秦始皇統一天下後，想一直當皇帝下去，就派徐福出海尋找長生不死的仙藥，結果當然是「竹籃打水」一場空。

唐宣宗

唐宣宗勤政愛民，在位期間國家安定繁榮。但他取得了一點成就後，也開始沉迷於煉丹，不但荒廢朝政，最後還中毒而死。

明世宗

明朝的嘉靖皇帝——明世宗應該是對煉丹最為癡迷的皇帝了，他把自己關在宮中，不但自封為道教真君，還自學煉丹術，煉丹給自己吃。

拯救小皇帝

案件難度：☆☆

唐朝末年，宦官、藩鎮節度使的權力很大。年幼的小皇帝被軟禁在一座府邸內，國家大權由宦官操控。小神探，你能否找到小皇帝的下落，帶上他的物品，並選擇合適的時間逃離這個地方呢？

案件任務

一 確定小皇帝被關在哪個房間。

二 在房子裏找到五件象徵皇權的物品。

三 **選擇正確的時間，找到通往出口的路線。**

關鍵發言人

我每天都要上上下下地給小皇帝送飯，真麻煩。

我又要洗衣服，又要打掃，皇帝房間的屋頂破了，也要我去修好。

以下就是查探到的信息，我已經安排好內應，應該選擇白天還是夜晚出發呢？

府邸有許多士兵把守，我們不能碰見他們。

① 紅色士兵白天駐守、藍色士兵夜晚駐守，紅藍士兵不會同時出現。

② 灰色士兵全天都在，但佩帶玉佩的灰色士兵是我們的內應，可以通行。

答案在第 55 頁

一
二
三
四
五
六
七
八
!
!
!

士兵值班圖
日
夜
夜
終點

起點

唐朝的覆滅

通過種種蛛絲馬跡，小神探成功地找到了小皇帝，將他從宦官的手中解救了出來。但皇帝年幼，不能處理政事，朝政大權仍然把持在藩鎮節度使和宦官手中。老百姓被壓迫得忍無可忍，於是聚集起來推翻了唐朝，中國歷史進入了五代十國的新時期。

晚唐那些事

縱使唐朝是中國歷史上最強盛的朝代之一，無論經濟和軍事都威名遠播，但最後仍是難逃衰落和滅亡的命運。究竟唐朝末年發生了什麼事情呢？

宦官把持朝政大權

宦官的權力非常大，有的以欺壓皇帝為樂，有的自稱皇帝的父親，有的甚至可以隨意任免皇帝。他們個個生前顯赫一方，死後臭名昭著。

藩鎮權力太大

皇帝設立藩鎮，給予地方很大的自主權，去抵禦邊境敵人；但當皇權衰落，這些藩鎮節度使就開始擁兵自重，不聽朝廷號令了。

皇帝不思進取

皇帝自己也往往沉迷享樂，沒有能力也沒有志向恢復朝政。即使國家一天天衰落下去，他們也只是放任自流，讓唐朝走向了滅亡。

答案

隱蔽的信鴿

案件難度：☆☆

任務一
尋找信鴿藏匿的地方。

根據將領的描述，要找出信鴿藏匿的地方就要先找到鳥籠。在雞舍的母雞附近能找到鳥籠。

任務二
找出內奸。

內奸是說謊的管家，四位疑犯中，家丁、阿皮和小紅都可以互相證明行蹤，只有管家的動向成謎，他在「管家房」裏換下的衣服上還有雞毛，證明他曾經去過信鴿藏匿的雞舍。

玄奘取西經

案件難度：☆

任務一
幫玄奘規劃前往那爛陀寺的路線。

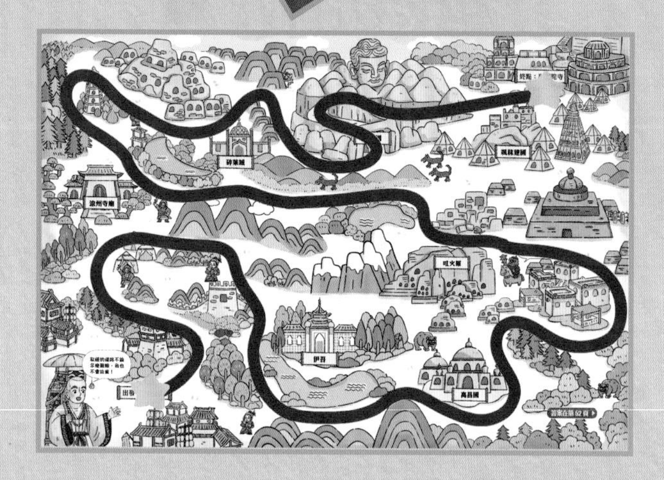

任務二
在路上找到玄奘的袈裟、木魚和禪杖。

公主府失竊案

案件難度：☆☆

任務一
用貼紙修復破碎的花瓶。

修復後的花瓶。

任務二
根據清單確認丟失的三件物品，並在庭院裏找出它們。

根據房間內的物品清單，查出被盜的東西是畫卷、琵琶和金釵。

任務三
找出疑犯中誰是真正的小偷。

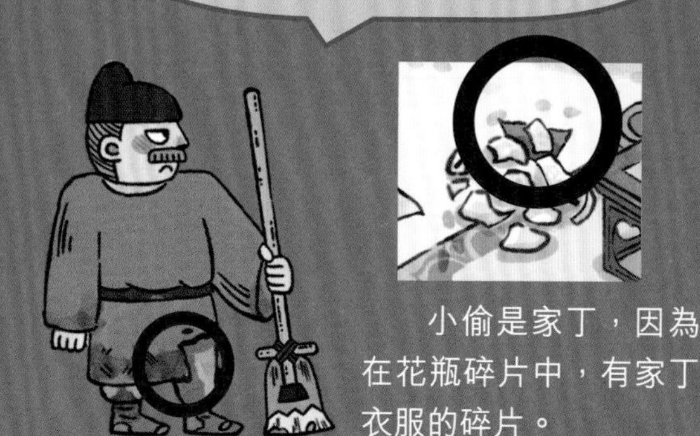

小偷是家丁，因為在花瓶碎片中，有家丁衣服的碎片。

是誰在作弊？

案件難度：☆☆☆

任務一
尋找哪些人攜帶了小筆記。

觀察考生的衣服和硯台，能發現兩個夾帶小筆記的考生。

任務二
確認考生周某是否作弊了。

根據劉公公和曹公公的證詞，曹公公被人收買，作弊者攜帶了紅色筆桿的毛筆，而考生周某沒有紅色筆桿的毛筆，因此他是被冤枉的。

任務三
找出收買了曹公公的人。

攜帶了紅色筆桿的毛筆的考生有李某、劉某和張某，根據周某的證詞，可以排除他前面沒有任何動作的李某和劉某，因此收買曹公公的人是張某。

貪杯的詩人

案件難度：☆

任務一
達成條件一：在街上找到符合要求的三種小吃。

根據杜甫的提示，要在畫面中找到肉粥、絲籠和糕點。

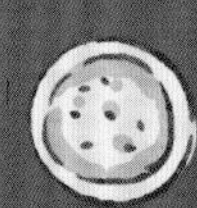

任務二
達成條件二：猜出三個燈謎。

謎底分別是①燈籠、②鼓和③煙花。

抓住刺客

案件難度：☆☆☆

任務一

在畫面中尋找刺客的暗器、鞋子和夜行服。

四枚暗器　鞋子　夜行服

任務二

根據痕跡，推理出刺客的逃跑路線和他最後消失的地點。

根據刺客的裝扮圖發現他的鞋子上有深啡色的印記，鞋子在屋簷和平台上留下了痕跡，得知刺客從花萼相輝樓的屋簷上通過了一號樓和正門大樓。再通過散落的物品，發現刺客通過了三號樓和四號樓，最後消失在四號樓和六號樓之間。

任務三

找出真正的刺客。

黃鼠狼

吳是真正的刺客，因為刺客最後消失在四號樓與六號樓之間，疑犯中錢和吳的描述與路線不符。而錢看到的身影，通過地上腳印判斷是黃鼠狼，所以他沒有說謊，並不是刺客。

來做買賣吧

案件難度：☆☆

任務一

找出四件動物形狀的物品和冬蟲夏草。

動物形狀的物品

根據回紇商人甲的描述，冬蟲夏草顏色是黃色的，長得像蟲子，可以在紅衣吐蕃商人的攤位上找到。

任務二

找出換取冬蟲夏草的方法，並用貼紙還原交換過程。

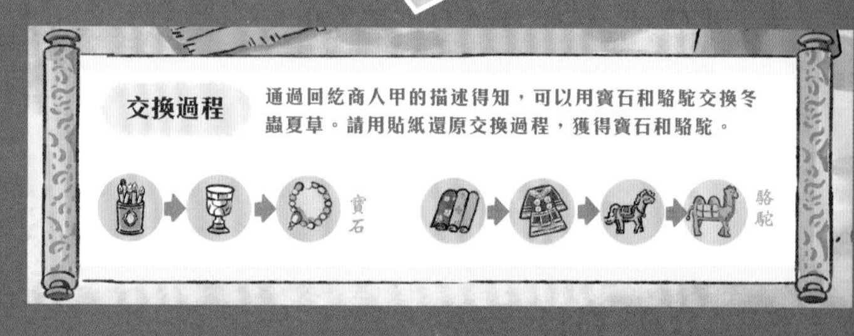

通過對話可知，交換冬蟲夏草需要寶石和駱駝。

寶石的獲得方法：用唐朝的文房四寶先和吐蕃商人交易銀器，再拿銀器交換寶石。

駱駝的獲得方法：用唐朝絲綢與回紇商人乙交易回紇服飾，再使用回紇服飾與吐蕃商人交易馬，就可以用馬交換駱駝了。

煉丹的秘密

案件難度：☆☆

任務一

尋找丟失的黃色丹藥。

任務二

找出導致一號煉丹爐出問題的三種材料。

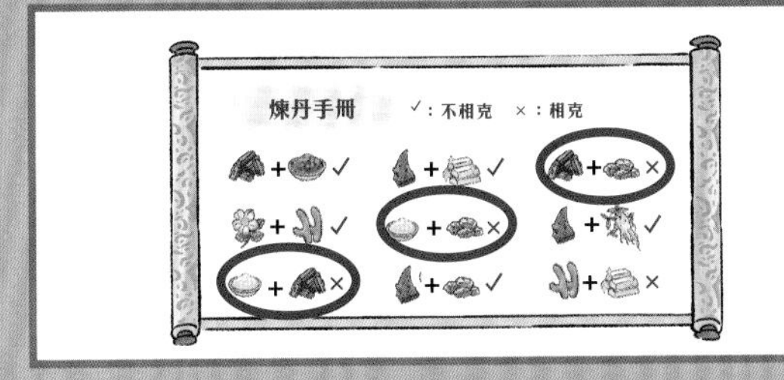

根據《煉丹手冊》記載，導致爆炸的三種相克材料是硝石、硫黃和木炭。

任務三

確定煉製丹藥應該加入哪三樣材料，並用貼紙貼在圓圈空白處。

根據對話和《煉丹手冊》記載可知：

第一種材料選擇黃金；

第二種材料選擇人參；

第三種材料選擇牛角，因為它不與黃金、人參相克。

拯救小皇帝

案件難度：☆☆

任務一

確定小皇帝被關在哪個房間。

根據太監的對話，皇帝被關押在樓上，而且房間的屋頂破了，可以確認在二號房間。

任務二

在房子裏找到五件象徵皇權的物品。

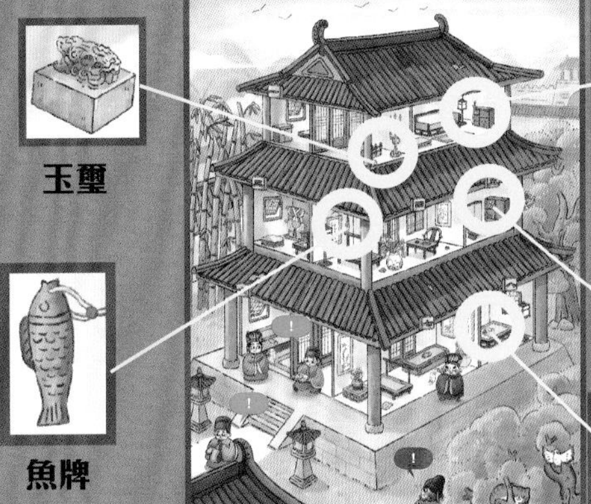

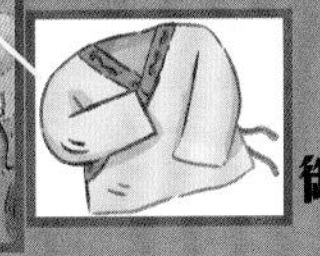

任務三

選擇正確的時間，找到通往出口的路線。

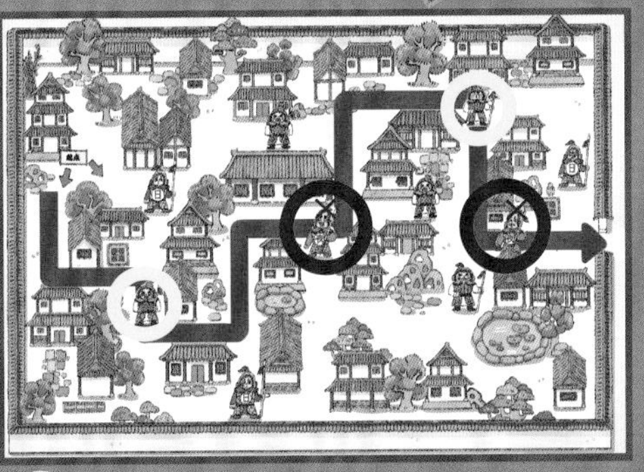

佩帶玉佩的內應

日間不會出現的藍色士兵

應該選擇白天的時間才能避開駐守的士兵。

小咕嚕在這裏！

隱蔽的信鴿

玄奘取西經

公主府失竊案

是誰在作弊？

貪杯的詩人

抓住刺客

來做買賣吧

拯救小皇帝

煉丹的秘密

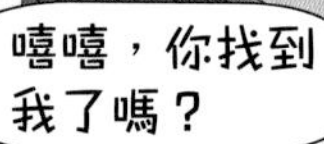

佛